BEI GRIN MACHT SICH IHR WISSEN BEZAHLT

- Wir veröffentlichen Ihre Hausarbeit,
  Bachelor- und Masterarbeit

- Ihr eigenes eBook und Buch -
  weltweit in allen wichtigen Shops

- Verdienen Sie an jedem Verkauf

Jetzt bei www.GRIN.com hochladen
und kostenlos publizieren

Impressum:

Copyright © 2011 GRIN Verlag, Open Publishing GmbH
Druck und Bindung: Books on Demand GmbH, Norderstedt Germany
ISBN: 9783668259492

Dieses Buch bei GRIN:

http://www.grin.com/de/e-book/194694/entdeckungsreise-ins-alte-asien-und-zurueck-
unterrichtsentwurf-im-fach

Franziska Sobania

Entdeckungsreise ins alte Asien und zurück. Unterrichtsentwurf im Fach Geographie für die 7. Klasse

GRIN Verlag

Schriftlicher Unterrichtsentwurf

für die **zweite benotete Lehrprobe**

im Ausbildungsfach **Geographie**

<table>
<tr><td>Thema der Stunde:

Entdeckungsreise ins alte Asien und zurück</td></tr>
</table>

Datum: 29. September 2011

Klasse: 7b

Inhaltsverzeichnis

1) Ziele der Stunde

Die Zielstellungen der vorliegenden Unterrichtsstunde orientieren sich an der aktuellen Klassensituation sowie am Kenntnisstand und den Lernvoraussetzungen der Schüler[1]. Folgende Zielformulierungen gehen auf das Kompetenzmodell des Thüringer Lehrplans für das Fach Geographie zurück[2].

1.1) Grobziel

Die Lernenden erkennen die Vielfalt an Lebens- und Wirtschaftsweisen im asiatischen Raum. Sie erfassen die Bedeutsamkeit kultureller Entwicklungen für die Fortdauer des menschlichen Lebens. Durch die zunehmend selbstständige Anwendung verschiedener Arbeitstechniken erweitern sie ihre Methodenkompetenz. In diesem Zusammenhang entwickeln sie ihre Selbst- und Sozialkompetenz weiter, indem sie im Team gemeinsam Ziele verfolgen, Verantwortung übernehmen und die Art und Weise der Aufgabenbearbeitung besprechen und umsetzen.

1.2) Feinziele

Lernziel im Bereich der Sachkompetenz

(1) Die Heranwachsenden erarbeiten sich innerhalb ihrer Entdeckergruppe selbstständig mit vorbereiteten Materialien sowie nach dem Prinzip der Handlungsorientierung Kenntnisse zu einer asiatischen Erfindung.

(2) Die Lernenden sind in der Lage aufgrund der theoretischen und handlungsorientierten Auseinandersetzung mit einer asiatischen Erfindung deren Bedeutung für die heutige Zeit mit eigenen Worten schriftlich wiederzugeben.

Lernziel im Bereich der Methodenkompetenz

(3) Die Schüler wählen selbstständig geeignete Arbeitstechniken aus und wenden sie an, indem sie Informationen zu einer asiatischen Erfindung mithilfe vorliegender Texte entnehmen und vollständig und in einer übersichtlichen Form in ihren Hefter notieren.

---

[1] Aus sprachökonomischen Gründen werden die Bezeichnungen Schüler, Heranwachsende und Lernende für beide Geschlechter verwendet.
[2] Vgl. Thüringer Kultusministerium (Hrsg.): Lehrplan für die Regelschule und die Förderschule mit dem Bildungsgang der Regelschule Geographie. Erfurt 1999.

Lernziel im Bereich der Sozialkompetenz

(4) Die Lernenden akzeptieren die vereinbarten Verhaltensregeln während der selbstständigen Gruppenarbeit und halten diese mit wenigen Hinweisen der Lehrerin ein.

(5) Die Schüler sind zunehmend in der Lage während des Gruppenpuzzles selbstständig die zu erledigenden Aufträge in den Entdeckergruppen gemeinsam zu besprechen und zu bearbeiten sowie respektvoll miteinander umzugehen.

Lernziele im Bereich der Selbstkompetenz

(6) Die Heranwachsenden übernehmen zunehmend Verantwortung für ihren eigenen Lernprozess, indem sie selbstständig ihre Aufzeichnungen mithilfe der Lösungsvorlagen vollständig vergleichen, berichtigen und ergänzen.

(7) Die Schüler entwickeln ihre Fertigkeit und Bereitschaft weiter, Stärken und Schwächen in der Zusammenarbeit mit den Mitschülern einzuschätzen und mit eigenen Worten im Reflexionsbogen schriftlich zu formulieren.

2) Situation der Lerngruppe

2.1) Allgemeine Situation der Lerngruppe

2.1.1) Entwicklungs- und lernpsychologische Voraussetzungen

Hinsichtlich der Altersstruktur der Lerngruppe ist nachzuvollziehen, dass sich die Schüler zwischen dem 12. und 13. Lebensjahr befinden. Entwicklungspsychologisch und -physiologisch lassen sie sich demzufolge in die Phase der frühen Adoleszenz einordnen[3]. In diesem Lebensabschnitt vollzieht sich für die Heranwachsenden ein bedeutender körperlicher, kognitiver und psychosozialer Reifeprozess[4]. Bezüglich der physischen Entwicklung spricht Zimbardo von einem „präadoleszenten Wachstumsspurt"[5]. Dabei bezieht er sich auf die Veränderung der Körpergröße, des Gewichts sowie der Ausprägung der Geschlechtsmerkmale der Jugendlichen. Bei den Schülern der Klasse 7b lässt sich dahingehend ein sichtbarer Entwicklungsprozess konstatieren. Ein Großteil der Jungen

---

[3] Vgl. Mietzel, Gerd: Wege in die Psychologie. 12. Aufl., Stuttgart 2005. S. 108.
[4] Vgl. Zimbardo, Philip G.: Psychologie. 4. neubearbeitete Auflage. Berlin/ Heidelberg 1983. S. 147.
[5] Zimbardo. S. 147.

sowie der Mädchen sind hinsichtlich der Körpergröße ähnlich entwickelt. Ausnahmen bilden P, R sowie C. Vor allem bei den weiblichen Heranwachsenden sind allmählich die Geschlechtsmerkmale in differenzierter Ausprägung zu erkennen. Hierbei sind N, K, J und I weiterentwickelt als M, V und L. Daneben ist eine kognitive Entwicklung bei den Lernenden zu verzeichnen. Sie nutzen zunehmend ihre Kenntnisse und Erfahrungen, um Vorgänge und Tatsachen strukturiert zu realisieren. In diesem Zusammenhang festigen sie ihre motorischen und kreativen Fertigkeiten im Umgang mit Medien und Materialen, setzen eigene Begabungen um und fördern ihre Konzentrationsfähigkeit. Sie entwickeln im Arbeitsprozess ein individuelles Zeitmanagement, welches an die organisatorischen Rahmenbedingungen des Lernorts angepasst ist. Darüber hinaus betrachten sie eigene Defizite und Konflikte unter verschiedenen Blickpunkten und versuchen nachhaltige Lösungen zu finden[6]. Ferner entwickeln sie sukzessive ein Bewusstsein für die Bedeutung von Lerninhalten. Im Allgemeinen kann festgehalten werden, dass die gesamte Lerngruppe diese „formal-operationale Phase"[7] erreicht hat. Sie verfügen über eine altersspezifische kognitive Reife[8]. Ungeachtet dessen ist darauf hinzuweisen, dass eine geschlechterspezifische Differenzierung erkennbar ist. Die Mädchen sind geistig weiterentwickelt als die meisten Jungen. Demnach bewegen sich M, K, N, V, J, I und L sowie G, Q, U, D und T auf die Jugendphase zu.

2.1.2) Sozial-kulturelle Voraussetzungen

Die Schüler der Klasse 7b kommen aus dem Einzugsgebiet der Schule, welches den Bereich Erfurt-Süd umfasst. Im Hinblick auf die sozialen Hintergründe herrscht eine starke Divergenz in der Klasse. Zwar stammen die Schüler überwiegend aus gut bis sehr gut situierten Familien, hingegen gibt es Lernende, deren Eltern aufgrund von Arbeitslosigkeit finanzielle Nöte aufweisen. Bezüglich der familiären Bedingungen der Schüler sind ebenfalls Unterschiede festzustellen. Der Großteil der Klasse wächst in intakten Familienverhältnissen auf. Daneben leben drei Schüler in Patchworkfamilien und sieben bei nur einem Elternteil.

Alle Schüler der Klasse 7b sind in Deutschland geboren. Zwei Lernende, B und T, haben jeweils ein Elternteil, das einer anderen Nationalität angehört. Dies ist jedoch ausschließlich am Aussehen der Schüler zu erkennen (z. B. dunklere Hautfarbe).

---

[6] Vgl. Zimbardo. S. 147.
[7] Ebd.
[8] Vgl. Ebd.

Es ist nachzuvollziehen, dass die meisten Eltern sehr aktiv mit den Klassenlehrern zusammenarbeiten, sodass eine effektive Entwicklungsmöglichkeit für den Heranwachsenden auf kognitiver und psychischer Ebene geschaffen werden kann.

2.1.3) Sozial-kommunikative Voraussetzungen

Kennzeichnend für das Wesen der Klasse ist ihre nette und aufgeschlossene Art. Dies sorgt im Allgemeinen für eine angenehme Atmosphäre im Unterricht und in den Pausen. Dazu trägt das familiäre Lehrer-Schüler-Verhältnis bei. Die Klassenlehrer und ich pflegen eine sehr enge Beziehung zu den Schülern der Klasse 7b. Auch gegenüber anderen Lehrern der Schule zeigen die Heranwachsenden weitestgehend Respekt und Freundlichkeit. Die angenehme Atmosphäre und der Zusammenhalt in der Klasse werden zeitweise durch einen forschen Umgangston vor allem bei den Jungen geblendet. Die Mädchen hingegen suchen bei auftretenden Problemen im Freundeskreis oft Rat bei den Klassenlehrern, um eine ruhige und gewaltfreie Lösung zu erreichen. Auch der Geschlechterkampf zwischen den Mädchen und Jungen ist nicht mehr vorzufinden. Jedoch lässt sich bezüglich der Gruppendynamik eine klare Geschlechtertrennung konstatieren. Diese wird nicht zuletzt durch die bestehende Sitzordnung in Form von Tischgruppen deutlich, in die sich die Heranwachsenden selbstständig einteilten[9].

Alle Mädchen pflegen zunehmend eine freundschaftliche Bindung untereinander und unternehmen auch privat viel zusammen. Lediglich M nimmt derzeit eine schwierige Position in der Gruppe ein. Ihr fällt es schwer, sich in der Mädchengruppe zu integrieren, da ihr nicht die Aufmerksamkeit von einzelnen Mädchen, wie K, zuteil wird, die sie aus früheren Zeiten in der Klasse 6 kennt und sich wünscht.

Bei den Jungen lässt sich eine größere Gruppe erkennen, der H, B, G, E, Q, R, U, A, S, F und T angehören. Eine kleine Jungengruppe setzt sich aus C, D, P und O zusammen. Neben der Interaktion der Lernenden in den Gruppen kann man freundschaftliche Verbindungen über diese hinaus beispielsweise bei N, K, T und G beobachten. Positiv ist die soziale Entwicklung von F innerhalb der Klasse zu erwähnen. Er ist ruhiger geworden und widmet sich nunmehr andauernd und konzentriert seinen Aufgaben im Unterricht. Provokationen seitens einiger Mitschüler wie zum Beispiel A schenkt er kaum Beachtung. H, der sich zu Beginn des Schuljahres angemessen in das Klassengefüge integrierte, nimmt allmählich wieder eine problematische Rolle in diesem ein. Durch das

---

[9] Siehe Kapitel 5.1) S. 24.

häufige Fernbleiben vom Unterricht aufgrund verschiedener Aspekte fehlt ihm die stetige Verbindung zu seinen Mitschülern. Mithilfe der Sozialarbeiterin der Schule wird derzeit der Kontakt zum Elternhaus gesucht, um die Situation zu analysieren.

Grundsätzlich sind die Heranwachsenden der Klasse 7b lernwillig. Das ist anhand folgender Faktoren ersichtlich. Die Schüler akzeptieren das Ritual des individuellen Glockenschlags als Kennzeichen für den Unterrichtsbeginn und halten es ein. Daneben sind ihnen die Regeln zur Art und Weise des Meldens, für die Arbeitsweise in Formen des offenen Unterrichts sowie die Verhaltensregeln bekannt, welche sie versuchen zu beachten[10]. Ungeachtet dessen ist es zurzeit häufig notwendig, verbale Impulse zur Einhaltung der Lautstärkeregel im Bereich des Verhaltens zu geben, da einige Mitschüler dazu neigen, ständig mit ihren Banknachbarn oder Tischnachbarn zu kommunizieren. Diese Beobachtung ist unter anderem auf den aktuellen psychologischen Entwicklungsstand der Heranwachsenden zurückzuführen. Jedoch nimmt ein Großteil der Klasse die Aufforderungen zur Beachtung des angenehmen Arbeitsklimas stets an und richtet sein Handeln daran aus. Die Anzahl der verhaltensauffälligen Schüler beschränkt sich auf E, A und S. Sie offerieren vorrangig in den Stunden der Freiarbeit und in Abhängigkeit ihrer Stimmung die mangelnde Bereitschaft, sich den entsprechenden Aufträgen zu widmen. Dann ziehen sie es vor, private Gespräche zu führen. S fehlende Konzentrationsfähigkeit liegt in seinem diagnostizierten ADS begründet. Jedoch bemüht er sich, kontinuierlich an seinen Aufgaben zu arbeiten. E benötigt meist einen arbeitswilligen Mitschüler, der ihn zum Arbeiten animiert. Durch individuelle Zuwendung und Absprachen oder Ermahnung können vor allem E und S beruhigt und zur Weiterarbeit an ihren Aufgaben motiviert werden. Die zeitweise mangelnde Lerneinstellung von A wird derzeit medizinisch untersucht. Es fällt ihm sichtlich schwer, sich trotz Unterstützung durch die Lehrerin mit einem Auftrag über einen längeren Zeitraum auseinanderzusetzen.

Freitags wird im Fach Ethik/ Reflexion das Einhalten der Regeln in den Tischgruppen sowie aufgetretene Probleme der vergangenen Woche reflektiert. Ferner wird derzeit die Methode des Lerntagebuches eingeführt. Dies trägt dazu bei, dass sich jeder Schüler ein individuelles Ziel setzt, dass er über einen festgelegten Zeitraum zu erreichen versucht.

Die Lernenden sind in der Lage, ihre Meinung zu äußern und zu begründen. Sie schätzen sich und ihre Mitschüler meist gerecht ein. Bestehende Konflikte versuchen sie im

---

[10] Die Lernenden sind mit offenen Unterrichtsmethoden, wie zum Beispiel Freiarbeit, Lerntheke, Lernen an Stationen oder Galeriespaziergang vertraut.

Kollektiv zu lösen und nehmen dahingehend die zur Verfügung stehende Unterstützung von Frau Block, Herrn Rüdiger und mir in Anspruch. Vor allem T als stellvertretender Klassensprecher, U als Streitschlichter, O als Streitschlichter und Schulsanitäter, aber auch N, K, B, G, S und F beteiligen sich aktiv an Diskussionen. Wie bereits erwähnt wurde, ist der Sitzplan der Schüler in Tischgruppen angeordnet. Zum Einen soll damit das Konzept der Schule vertreten und verdeutlicht werden, dass die Öffnung des Unterrichts impliziert. Demnach soll die traditionelle, frontale Sitzordnung zugunsten der individuellen Tischanordnung aufgebrochen werden. Zum Zweiten dient diese der Entwicklung von Sozial- und Selbstkompetenz der Heranwachsenden. Hierbei muss darauf hingewiesen werden, dass diese Form des Sitzplans zu Beginn des vergangenen Schuljahres bereits umgesetzt wurde, jedoch aufgrund einer ungenügenden Arbeitsatmosphäre während der frontalen Unterrichtsstunden scheiterte. In diesem Schuljahr liegt der Fokus unter anderem in der Forderung und Förderung von Selbst- und Sozialkompetenz innerhalb der Lerngruppe. Dabei soll das Einhalten der Verhaltensregeln, die Teamarbeit in kleineren Gruppen sowie ein respektvoller Umgang mit den Mitschülern gefestigt werden. In diesem Zusammenhang hat die Wahl der kooperativen Lernform des Gruppenpuzzles in der vorliegenden Unterrichtssituation eine zentrale Bedeutung. Durch die freiwillige Einwahl der Schüler in die Gruppen entscheiden sie, welche Mitschüler zusammenarbeiten. Sie schätzen hierbei selbst ein, welche Schüler gut miteinander agieren und welche weniger gut gemeinsam arbeiten können. Für die individuelle Forderung und Förderung der Selbst- und Sozialkompetenz kommen Gruppenkarten zum Einsatz, die darüber bestimmen, welche Funktion der einzelne Schüler innerhalb der Gruppe zusätzlich hat[11]. Diese Aufteilung nimmt die Lehrkraft vor.

---

[11] Siehe Kapitel 5.5) S. 26.

2.2) Äußere Lernbedingungen

Der Klassenraum der 7b befindet sich im Erdgeschoss. Es ist ein großer, heller Raum, der durch die farbigen sowie mit Bildern bzw. Plakaten behangenen Wände sehr freundlich wirkt. Die lange Fensterfront zeigt frontal auf eine stark befahrene Straße. Zudem steht auf der gegenüberliegenden Straßenseite eine Kirche, die zu jeder vollen Stunde ein Glockenspiel erklingen lässt. Das Öffnen des Fensters ist somit mit einem erhöhten Geräuschpegel verbunden, der in Arbeitsphasen oder Unterrichtsgesprächen einen Störfaktor darstellt.

Aus organisatorischen Gründen musste für die Umsetzung der geplanten Unterrichtssituation der Stundenplan der Klasse 7b verändert werden. Demzufolge haben die Heranwachsenden anstatt der Freiarbeit Deutsch das Fach Geographie in der ersten Stunde. Es ist möglich, dass sich diese Besonderheit negativ auf das Verhalten einzelner Schüler wie S und A auswirkt.

Zwei Schüler, U und V, nehmen in dieser Woche an der Ausbildung zum Streitschlichter teil. Demzufolge sind sie für die komplette Unterrichtzeit freigestellt und in der vorliegenden Stunde nicht anwesend.

2.3) Eigene Lehrsituation

Ich unterrichte die Lerngruppe seit Oktober 2010 in den Fächern Deutsch und Geographie. In diesem Schuljahr habe ich die Klassenlehrertätigkeit übernommen und leite daher die Stunden Lernen lernen sowie Ethik/ Reflexion eigenverantwortlich oder im Sinne des Tandemunterrichts mit Frau Block (zweite Klassenlehrerin). Demgemäß verbringe ich wöchentlich sieben Unterrichtstunden mit den Heranwachsenden, wodurch sich im Laufe der Zeit ein sehr angenehmes Lehrer-Schüler-Verhältnis entwickelte und festigte. Exemplarisch hierfür steht der freundliche, lockere und dennoch respektvolle Umgang zwischen den Schülern und mir, der sich in vielen Gesprächen in den Pausen verdeutlicht. Ferner werde ich des Öfteren von den Mädchen als Vertrauensperson wahrgenommen, indem sie mir Geheimnisse anvertrauen oder mich bei Problemen ansprechen und um Rat bitten. Ich konnte meine Rolle und Funktion innerhalb der Klasse weiterhin stabilisieren und aufgrund der Klassenleitertätigkeit erweitern. Zusammenfassend kann ich sagen, dass ich mich sehr wohl in der Klasse fühle.

In der vorliegenden Unterrichtssituation schlagen sich zwei persönliche Schwerpunkte meiner Ausbildung nieder. Zum Einen verfolge ich nach wie vor die Verbesserung der

Zielformulierungen nach dem Thüringer Kompetenzmodell. Zum Anderen erziele ich es, den Unterricht lebensnah zu gestalten und somit für die Schüler und ihre Erfahrungswelt greifbarer zu machen. Durch die theoretische und praktische Auseinandersetzung mit einem Thema wird der Lernprozess auf verschiedenen Ebenen vollzogen, sodass ein positiver Lernerfolg nachvollzogen werden kann.

3) Didaktische Überlegungen und methodisches Herangehen

3.1) Einordnung der geplanten Unterrichtssituation in die Stoffeinheit

Datum	Thema	inhaltliche Schwerpunkte
Asien im Überblick		
01.09.11	*Ein neues Bild der Erde*	• Öffnung des subjektiven Konzepts → bekannten Gliederungsform der Erde in Kontinente und Länder • neue Gliederungsform der Erde in Kulturerdteile • 10 Kulturerdteile → Arbeitsblatt
08.09.11	*Ein neues Bild der Erde*	• Vergleich: bekannte und neue Gliederungsform der Erde • verschiedene Merkmale der Grenzfestlegungen → Tafelbild
15.09.11	*Ein neues Bild der Erde*	• Lernzielkontrolle: Kulturerdteile der Erde • Kulturerdteile Asiens → unterschiedliche Kulturen
22.09.11	*Asien – ein Kontinent der Superlative*	• Asien als flächengrößter und bevölkerungsreichster Kontinent der Erde • physisch-geographische, wirtschaftliche, kulturelle Rekorde • Überleitung zu Erfindungen Asiens → Schülerinteressen einbeziehen
29.09.11	*Entdeckungsreise ins alte Asien und zurück (1)* **(Lehrprobe)**	• asiatische Erfindungen als Rekorde der Vergangenheit → Gruppenpuzzle → Erfindungen: Papier, Drucktechnik, Schubkarre, Nudeln, Kompass
07.10.11	*Entdeckungsreise ins alte Asien und zurück (2)*	• asiatische Erfindungen → Gruppenpuzzle • Überleitung zur Stoffeinheit Ostasien
Ostasien		

3.2) Einbettung der geplanten Unterrichtssituation

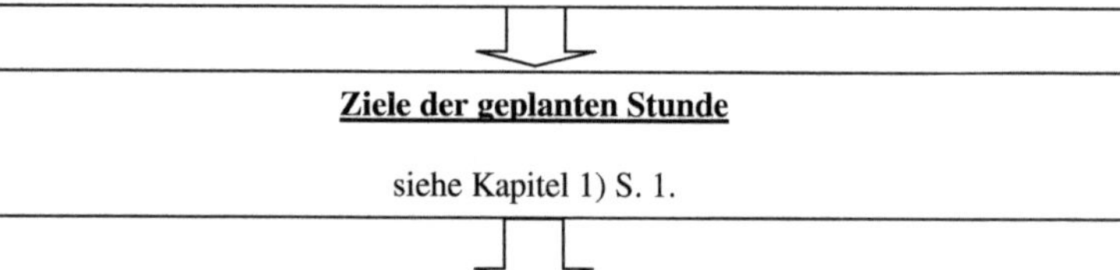

<u>Ziele der vorangegangenen Stunde</u>

Lernziel im Bereich der Sachkompetenz
Die Lernenden können mithilfe der Aufzeichnungen im Hefter sowie mit eigenen Worten erklären, dass Asien ein Kontinent der Superlative ist.

Lernziel im Bereich der Methodenkompetenz
Die Heranwachsenden entnehmen dem Lehrbuchtext sowie den Tabellen und Karten mithilfe des gestellten Arbeitsauftrags fachlich richtige Informationen zur Verbreitung der Kulturerdteile auf dem asiatischen Kontinent, zur Flächengröße und Bevölkerungszahl sowie zu den asiatischen Rekorden weitestgehend selbstständig.

Lernziel im Bereich der Sozialkompetenz
Die Schüler akzeptieren die ihnen bekannten Verhaltensregeln während der Stillarbeit und halten sie mithilfe von wenigen Impulsen der Lehrerin ein.

Lernziel im Bereich der Selbstkompetenz
Die Heranwachsenden sind zunehmend imstande, ihre Aufzeichnungen eigenverantwortlich in einer übersichtlichen und sauberen Form darzustellen.

<u>Ziele der geplanten Stunde</u>

siehe Kapitel 1) S. 1.

<u>Ziele der nachfolgenden Stunde</u>

Lernziel im Bereich der Sachkompetenz
Die Heranwachsenden können fünf Erfindungen Asiens ohne Hilfe nennen sowie örtlich und zeitlich einordnen. Ferner ist jeder Schüler in der Lage spezielle Informationen (zum Beispiel Herstellungsverfahren, Umgang mit den Geräten und Bedeutung der Erfindungen in der heutigen Zeit) zu einer Erfindung mündlich wiederzugeben.

Lernziel im Bereich der Methodenkompetenz
Die Lernenden notieren sich durch aktives Zuhören bei der Informationswiedergabe durch einzelne Schüler stichpunktartig Informationen zur Entstehungszeit und dem Ursprungsland jeder asiatischen Erfindung in einer übersichtlichen Form.

Lernziel im Bereich der Sozialkompetenz
Die Schüler sind zunehmend in der Lage sich während der Gruppenarbeit unter Beachtung der Gesprächsregeln gegenseitig aufmerksam zuzuhören und respektvoll miteinander umzugehen.

Lernziel im Bereich der Selbstkompetenz
Die Heranwachsenden sind zunehmend imstande, ihre Aufzeichnungen eigenverantwortlich in einer übersichtlichen und sauberen Form darzustellen.

3.3) Sach-Struktur-Diagramm[12]

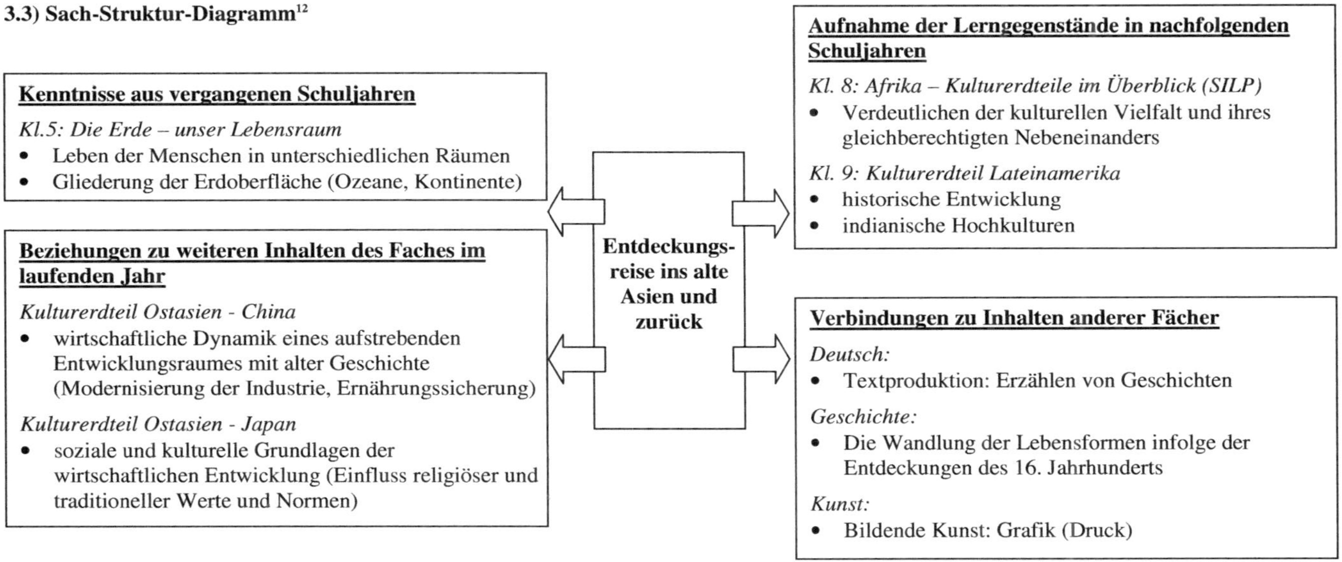

<u>Kenntnisse aus vergangenen Schuljahren</u>

Kl.5: Die Erde – unser Lebensraum
- Leben der Menschen in unterschiedlichen Räumen
- Gliederung der Erdoberfläche (Ozeane, Kontinente)

<u>Beziehungen zu weiteren Inhalten des Faches im laufenden Jahr</u>

Kulturerdteil Ostasien - China
- wirtschaftliche Dynamik eines aufstrebenden Entwicklungsraumes mit alter Geschichte (Modernisierung der Industrie, Ernährungssicherung)

Kulturerdteil Ostasien - Japan
- soziale und kulturelle Grundlagen der wirtschaftlichen Entwicklung (Einfluss religiöser und traditioneller Werte und Normen)

Entdeckungsreise ins alte Asien und zurück

<u>Aufnahme der Lerngegenstände in nachfolgenden Schuljahren</u>

Kl. 8: Afrika – Kulturerdteile im Überblick (SILP)
- Verdeutlichen der kulturellen Vielfalt und ihres gleichberechtigten Nebeneinanders

Kl. 9: Kulturerdteil Lateinamerika
- historische Entwicklung
- indianische Hochkulturen

<u>Verbindungen zu Inhalten anderer Fächer</u>

Deutsch:
- Textproduktion: Erzählen von Geschichten

Geschichte:
- Die Wandlung der Lebensformen infolge der Entdeckungen des 16. Jahrhunderts

Kunst:
- Bildende Kunst: Grafik (Druck)

---

[12] Es ist hierbei zu erwähnen, dass genannte, inhaltliche Schwerpunkte exemplarisch gelten. Vgl. Thüringer Ministerium für Bildung Wissenschaft und Kultur (Hrsg.): Lehrplan für den Erwerb des Haupt- und Realschulabschlusses Deutsch. Erfurt 2011. S. 33, Vgl. Thüringer Kultusministerium (Hrsg.): Lehrplan für die Regelschule und die Förderschule mit dem Bildungsgang der Regelschule Geographie. Erfurt 1999. S. 15ff, Vgl. Thüringer Kultusministerium (Hrsg.): Lehrplan für die Regelschule und die Förderschule mit dem Bildungsgang der Regelschule Geschichte. Erfurt 1999. S. 21, Vgl. Thüringer Kultusministerium (Hrsg.): Lehrplan für die Regelschule und für die Förderschule mit dem Bildungsgang der Regelschule Kunst. Erfurt 1999. S. 32.

3.4) Sachanalyse

In der Schule besteht ein schulinterner Lehrplan (SILP), der neben dem Lehrplan für Geographie[13] seine Berechtigung im Fach findet. Ein gemeinsamer Beschluss innerhalb des Teams der Klassenstufe 7 sowie die Berücksichtigung des jahrgangsübergreifenden Unterrichts führten dazu, einen Thementausch vorzunehmen. Demzufolge wird in Klasse 7 im Fach Geographie das Stoffgebiet Asien behandelt während in dem darauf folgenden Schuljahr das Themengebiet Afrika im Fokus des Unterrichts steht.

Asien gilt als ein Kontinent der Superlative. Nicht nur im physisch-geographischen, sondern auch in wirtschaftlichen und kulturellen Bereichen hat Asien des Öfteren das Größte, Höchste oder Längste der Welt zu bieten. Exemplarisch hierfür gilt das Kaspische Meer als der größte See der Erde, der Mount Everest als höchster Berg der Welt (8848m), welcher sich im Himalaya befindet oder China mit 1,3 Milliarden Menschen als das bevölkerungsreichste Land der Erde. In diesen Kontext lassen sich die Erfindungen Asiens einordnen, die als Rekorde der Vergangenheit betrachtet werden können.

Die Nudeln stammen ursprünglich aus Asien. Nach Aussagen von Forschern wurden nudelartige Teigwaren bereits vor 4000 Jahren in China hergestellt[14]. Die Steinzeit-Nudeln waren mehr als einen halben Meter lang, drei Millimeter dünn und gelblich gefärbt. Die Menschen stellten sie offenbar aus gemahlener Hirse und gemahlenem Weizen her. Mit Wasser verkneteten sie das Mehl in Tontöpfen zu einem festen Teig und formten daraus lange Teigfäden. Bereits in der Jungsteinzeit brachten sie die Nudeln zum Kochen, um sie anschließend verzehren zu können. Marco Polo, ein Kaufmann aus Venedig, brachte schließlich im 13. Jahrhundert verschiedene asiatische Nudelgerichte von seiner Asienreise mit nach Europa.

Die Herstellung der allseits beliebten Teigwaren hat sich im Laufe der Jahrhunderte weiterentwickelt. Dennoch werden in sie vielen Kulturen Asiens noch heute nach traditionellen Rezepten, meist in Handarbeit produziert. Diese Rezepte werden oft nur mündlich von Familienmitglied zu Familienmitglied überliefert. Demgegenüber hat sich eine industrielle Produktion herausgebildet, die es ermöglicht, dass große Mengen asiatischer Nudeln weltweit zu erwerben sind.

---

[13] Thüringer Kultusministerium (Hrsg.): Lehrplan für die Regelschule und die Förderschule mit dem Bildungsgang der Regelschule Geographie. Erfurt 1999.
[14] Vgl. http://www.spiegel.de/wissenschaft/mensch/0,1518,379519,00.html (September 2011)

Vergleicht man das europäische und asiatische Teigprodukt miteinander, erkennt man eine differenzierte Zubereitung dieser. Während in Europa die Nudel vorrangig aus Weizengrieß, Eiern und Wasser bestehen, ist die Zusammensetzung der Zutaten für die asiatischen Nudeln weitaus vielfältiger. Viele Nudelsorten Asiens unterscheiden sich daher nicht nur in der Form, wie die europäischen Teigwaren, sondern auch im Geschmack. So enthalten zum Beispiel Glasnudeln Mungobohnenstärke oder Reisnudeln Reismehl. Japanische Soba-Nudeln werden aus Buchweizengrieß gefertigt und erhalten aufgrund des Zusatzes von Teepulver eine grüne Färbung.

Eine entscheidende Entwicklung, die nicht zuletzt für die Geographie eine zentrale Bedeutung hat, ist die Erfindung des Kompasses. Die Chinesen fanden heraus, dass sich mithilfe von magnetischem Metall die Nord-Süd-Richtung bestimmen lässt. Auf dieser Grundlage fertigten sie bereits im Jahr 27 ein Instrument für das Messen von Himmelrichtungen an. Dieses bestand aus „[...] einem Stück Magneteisenstein, der an einem Faden aufgehängt war [...]“[15]. Dieser Stein in Form eines Löffels war auf einer Kupferscheibe beweglich angebracht, auf der die Himmelsrichtungen eingraviert waren. Das Gerät nannte man Südweiser[16] und es wurde vorrangig in der Seefahrt genutzt.

Im Jahre 1190 gelangte „das Auge des Seemanns“[17] durch die Araber nach Europa. Neben vielen Kompassarten ist der Magnetkompass der geläufigste, welcher auch in Bildungseinrichtungen seine Verwendung findet. Die Kompassnadel, die aus magnetischem Material besteht, „[...] richtet sich, wenn sie nach allen Richtungen frei beweglich ist, tangential zu den Feldlinien des Magnetfelds der Erde aus, die vom magnetischen Südpol zum magnetischen Nordpol verlaufen“[18].

Bis in die heutige Zeit wurde der Kompass weiterentwickelt und somit präziser. Nicht nur Seefahrer benötigen das Gerät. Auch Ingenieure richten ihre Grabungen im Bergbau mithilfe des Kompasses aus oder bestimmen bei Tunnelbauten damit die gezielte Verlaufsrichtung. Ferner nutzen Piloten den Kompass, um sich in der Luft orientieren zu können. Nicht zuletzt verwenden auch Wanderer einen Kompass, um sich im Gelände zurechtzufinden[19].

---

[15] http://www.alnet.de/kompassanwendung.htm (September 2011).
[16] Vgl. http://www.chinadelightours.com/Chinesische-Kultur--Kompass.html (September 2011), Vgl. http://www.alnet.de/kompassanwendung.htm (September 2011).
[17] http://www.chinadelightours.com/Chinesische-Kultur--Kompass.html (September 2011)
[18] http://www.alnet.de/kompassanwendung.htm (September 2011).
[19] Vgl. http://www.br-online.de/wissen-bildung/collegeradio/medien/geschichte/kompass/hintergrund/doclink.pdf (September 2011)

Als Weiterentwicklung des Papyrus geht auch die Entstehung des Papiers auf die Asiaten zurück. Im Jahre 105 entwickelten die alten Chinesen eine Methode zur Herstellung des wertvollen Materials. In jener Zeit war diese Fertigung noch eine aufwendige handwerkliche Arbeit, sodass sich nur wenige Menschen diese Kostbarkeit leisten konnten. Papier galt daher als ein heiliges Symbol, welches bei religiösen Zeremonien zum Einsatz kam. Bei der Papierherstellung wurden die einzelnen Pflanzenfasern zunächst völlig zerstückelt und mit Wasser zu einem Brei verarbeitet. Diesen Brei rührte man in einer Bütte an. Anschließend schöpfte man den Brei mit einem Sieb aus dem Holzbehälter und ließ ihn in der Sonne trocknen. Mit Steinen wurde das so entstandene erste Papier schließlich geglättet und mit Färbemitteln behandelt.

Von China aus verbreitete sich die Technik der Papierherstellung zuerst nach Korea und Japan, wo man die Kunst der Herstellung noch verfeinerte. Zahlreiche nützliche Gegenstände wie Fächer, Schirme, Fahnen, Masken oder Laternen wurden aus Papier gefertigt. Erst im 11. Jahrhundert wurde das Papier in Europa eingeführt.

In Asien verfügt es noch heute über eine besondere Funktion und wird an heiligen Stätten als Symbol des Glücks aufgehängt. Kontrastierend hierzu wurde das Papier in Europa zu einem massenhaft hergestellten Wegwerfprodukt degradiert[20].

Im Zuge der Erfindung des Papiers konnte Literatur verschriftlicht und vervielfältigt werden. Lange Zeit war die Verbreitung von Literatur lediglich in Form des Abschreibens möglich. Doch diese Methode der Vervielfältigung nahm ein zu großes Maß an Zeit und Mühe in Anspruch. Daher entstanden nur wenige Kopien, sodass viele Werke aus alter Zeit verlorengingen. Im 8. Jahrhundert erfanden die Chinesen den Holzblockdruck. Dafür wurden Holzplatten so geschnitzt, dass die zu druckenden chinesischen Schriftzeichen erhaben blieben. Mithilfe dieser Drucktechnik konnten die ersten Bücher in sauberer Form vervielfältigt werden. Jedoch nahm die Fertigung der Druckplatten viel Material und ebenso viel Zeit in Anspruch, um ein Buch in kurzer Zeit zu drucken. Um 1040 entwickelte der Erfinder namens Bi Sheng ein Verfahren, das die Technik des Buchdrucks in China weiter voranbrachte. Er schnitt einzelne Schriftzeichen in Würfel aus Lehm, die anschließend gebrannt wurden. So entstanden die ersten beweglichen Lettern. Die einzelnen Würfel wurden in einer eisernen Form zu einem Text zusammengesetzt, mit Tinte bestrichen und schließlich auf Papier gedruckt. Diese Technik ermöglichte einen

---

[20] Vgl. Giscard d'Estaing. S. 181, Vgl. http://www.china-guide.de/china/Chinesische_kultur/papier_____druck.html (September 2011)

raschen und qualitativ hochwertigeren Druck. Später benutzte man in China Holz, Zinn, Kupfer und Blei zur Herstellung von beweglichen Lettern. Im 13. Jahrhundert kam die Drucktechnik mit beweglichen Buchstaben nach Korea, Japan und Vietnam sowie in die Länder Zentralasiens[21]. Im 15. Jahrhundert revolutionierte Johannes Gutenberg schließlich auch den Buchdruck in Deutschland.

Eine weitere Erfindung, die auf die Asiaten zurückzuführen ist, ist die Schubkarre. Ein chinesischer Offizier namens Chuko Liang (181-234) erfand die Schubkarre im 2. Jahrhundert. In dieser Zeit nutzte man sie vor allem für den Transport von verwundeten Soldaten. Mit der Schubkarre konnten die Verletzten zügig und ohne großen Kraftaufwand von einer Person befördert werden. Das einfach konstruierte Vehikel entwickelte sich im Laufe der Jahrhunderte zu einem nützlichen Arbeitsgerät, das aus dem 21. Jahrhundert nicht mehr wegzudenken ist. Die Schubkarre wird weniger als Transportgerät für verletzte Personen benutzt, als vielmehr für das Befördern von verschiedensten Materialien im Baugewerbe, in der Landwirtschaft oder im Hobby- und Gartenbereich.

Bis in das 20. Jahrhundert wurde die Schubkarre vorwiegend aus Holz gefertigt. Später verwendete man leichtere und beständigere Materialien, wie Metall und Kunststoff. Seit 1950 stattet die Industrie die Geräte mit Luftbereifung aus. An der Konstruktion der Schubkarre hat sich über die Jahrhunderte hinweg nahezu nichts verändert. Sie besitzen in der Regel ein Gestell mit einer Kippmulde und einer Achse mit einem einzelnen Rad, das meist im vorderen Bereich befestigt ist. Mit zwei Griffen wird die Last angehoben und gesteuert[22].

3.5) Didaktische Reduktion

In der vorliegenden Unterrichtssituation *Entdeckungsreise ins alte Asien und zurück* steht die Auseinandersetzung mit fünf ausgewählten Erfindungen Asiens im Fokus. Diese lassen sich als Rekorde der Vergangenheit in den Kontext *Asien – ein Kontinent der Superlative* einordnen. Die Neuheiten stellen eine konstitutive Grundlage für die weltweite Entwicklung auf sozialer, kultureller und wirtschaftlicher Ebene dar. Sie führten nicht nur

---

[21] Vgl. Time-Life Bücher (Hrsg.): Aufblühende Reiche im Osten. Spektrum der Weltgeschichte 100-1100 n. Chr. Deutschland 1992. S. 36/37, Vgl. http://www.china.de/china/Chinesische_kultur/papier____druck.html (September 2011).
[22] Vgl. Giscard d'Estaing. S.59, Vgl. http://www.wallstreet-online.de/ratgeber/haus-und-immobilien/werkzeug-und-material/die-schubkarre-praktischer-helfer-in-garten-und-beruf (September 2011).

innerhalb der chinesischen Kultur, sondern auch über deren Grenzen hinaus bis nach Europa zum Fortschritt.

In Form eines Gruppenpuzzles erarbeiten sich die Heranwachsenden Kenntnisse zu einer asiatischen Erfindung, der der Nudeln, des Kompasses, des Papiers, der Drucktechnik oder der Schubkarre. Sie entnehmen den Sachtexten Informationen zur Entstehungszeit und dem Ursprungsland der Erfindung. Zudem erlangen sie durch theoretische und handlungsorientierte Auseinandersetzung mit den Entdeckungen ein Expertenwissen, das je nach Erfindung differiert (Lernziel 1):

Entdeckergruppe	Expertenwissen
Die Köche **(Nudeln)**	• Herkunft und Entstehungszeit • Vergleich der Arten und verschiedenen Zutaten für die Zubereitung der Teigwaren in Europa und Asien • Kochen von asiatischen und europäischen Nudeln
Die Geographen **(Kompass)**	• Herkunft und Entstehungszeit • Anwendungsbereiche • Aufbau und Umgang • Orten von Gegenständen im Klassenzimmer mithilfe des Kompasses
Die Bastler **(Papier)**	• Herkunft und Entstehungszeit • traditionelles Herstellungsverfahren • Verwendungszweck von Papier heute • Fertigung asiatischer Papierkunst
Die Literaten **(Drucktechnik)**	• Herkunft und Entstehungszeit • Vergleich verschiedener Drucktechniken • Umsetzung einer traditionellen Drucktechnik
Die Techniker **(Schubkarre)**	• Herkunft und Entstehungszeit • Vergleich des Materials und Funktion damals in Asien und heute in Europa • Test zur Lastenverteilung mit und ohne Schubkarre

Alle erworbenen Informationen notiert sich jeder Schüler in einer übersichtlichen Form in ihren Hefter (Lernziel 3). Damit sie die Bedeutung des Themas für ihre Erfahrungswelt nachvollziehen können, wird zum Einen in den Texten stets der Bezug zu Europa hergestellt (Lernziel 2). Folglich erkennen die Lernenden den Einfluss der asiatischen auf die europäische Kultur. So haben die Asiaten, im Speziellen die Chinesen, einen wesentlichen Anteil an dem heutigen europäischen Lebensstandard. Zudem setzen sie sich aufgrund des Prinzips der Handlungsorientierung mit den Erfindungen auf der Anwendungsebene auseinander und können sie dadurch besser in ihre Lebenswelt einbetten (Lernziel 2). Des Weiteren fordern und fördern sie während der kooperativen Lernform ihre Sozial- und Selbstkompetenz (Lernziele 4-7).

In der folgenden Unterrichtsstunde tauschen die Schüler schließlich das neugewonnene Wissen zu den Erfindungen Asiens untereinander aus und erstellen sich dabei eine Übersicht zu den sechs Erfindungen, deren Entstehungzeit sowie Ursprungsland. Zusätzlich verfügt jeder Schüler über weitere Informationen zu einer Erfindung Asiens in schriftlicher Form.

3.6) Didaktische Überlegungen und methodische Entscheidungen

In Form der kooperativen Lernform des Gruppenpuzzles begeben sich die Lernenden auf eine *Entdeckungsreise ins alte Asien und zurück*. Im Allgemeinen geht es darum, dass sich die Lerngruppe, geteilt in fünf Entdeckergruppen, zunächst gedanklich in die Vergangenheit begibt und auf theoretischer Ebene mit jeweils einer Erfindung Asiens auseinandersetzt. Anschließend kehren die Lernenden in die Gegenwart zurück und beschäftigen sich handlungsorientiert mit dieser Erfindung. Diesbezüglich wurden die Schüler über die Vorsichtsmaßnahmen beim Kochen, den Umgang mit der Schubkarre und dem Kompass nachdrücklich belehrt. In der folgenden Unterrichtsstunde tauschen sie ihr neu erlangtes Wissen zu einer Erfindung in ihrer Stammgruppe aus. Wie bereits erwähnt wurde, dient diese Methode vorrangig der Weiterentwicklung der Sozial- und Selbstkompetenz der Schüler, indem sie die Verhaltensregeln beachten, im Team arbeiten und sich gegenseitig Respekt zollen.

Da es in der Schule kein allgemeines Signal zum Stundeneinstieg und -abschluss gibt, wird der Unterrichtsbeginn mit einem individuellen Glockenklang angekündigt, welches den Schülern bekannt ist. Um einen angemessenen Einstieg in die Stunde zu ermöglichen, erfolgt zunächst die Begrüßung zwischen den Schülern und mir. Dabei sitzen die Heranwachsenden aufrecht und ruhig in den von mir festgelegten Stammgruppen und ich stehe präsent vor ihnen. Aufgrund der außerplanmäßigen Durchführung der vorliegenden Unterrichtssituation sowie der ungewohnten Sitzordnung in den Stammgruppen, besteht die Möglichkeit, dass sich einzelne Schüler zum Unterrichtsbeginn nicht an ihrem Platz befinden oder eine allgemeine Unruhe im Klassenraum besteht. Durch verbale Hinweise meinerseits soll die Lerngruppe dann beruhigt werden, sodass der Unterricht begonnen werden kann.

Um die Schüler angemessen auf die vorliegende Unterrichtssituation einzustimmen, wählte ich das Vorlesen einer Geschichte, die mit asiatischer Musik unterlegt wird[23]. Zusätzlich wird vor Beginn des Lesens das Deckenlicht teilweise ausgeschaltet. Diese Form des Einstiegs soll die Lerngruppe motivieren, sich auf das Thema einzulassen und sich intensiv damit zu beschäftigen. Daneben wird eine weitere Funktion verfolgt. Die Geschichte gibt einen allgemeinen Aufschluss über den Aufbau und Inhalt der Erarbeitungsphase, sodass im Folgenden nicht mehr ausführlich darauf eingegangen werden muss. Die Umsetzung der Methode erfordert eine ruhige Atmosphäre im Klassenraum. Sie soll durch die Aufgabenstellung des Augenschließens, aufmerksamen Zuhörens sowie durch das Ausschalten des Lichtes und Einspielen der leisen Musik erreicht werden. Jedoch können genau diese Maßnahmen Unruhe erzeugen. Vor allem bei A und S besteht die Möglichkeit, dass sie herumalbern und kichern. Verbale Hinweise durch die Lehrerin sollen sie zu einem angemessenen Verhalten während des Vorlesens der Geschichte führen.

Daraufhin erkläre ich in Form des Lehrervortrags unter Berücksichtigung des Ablaufplans, sowie des Stammgruppen-Auftrags, die an der Tafel fixiert sind, den Verlauf sowie die Zielstellung der Stunde[24]. Zudem beantworte ich eventuell auftretende Fragen seitens der Schüler. Der Anspruch des Lehrervortrages liegt im aktiven Zuhören. Zwar dauert dieser nur wenige Minuten, dennoch kann dabei eine Unruhe bei Schülern, wie zum Beispiel A und S aufgrund mangelnder Konzentrationsfähigkeit auftreten. Diese äußert sich in Form von Zwischenrufen. In diesem Fall verweise ich die störenden Schüler auf die Verhaltensregeln während eines Vortrags.

Nach der Eröffnung der Erarbeitungsphase wechseln die Heranwachsenden ihren Platz und setzen sich in den einzelnen Entdeckergruppen zusammen. Für die Gewährleistung eines organisierten und zügigen Platzwechsels liegen auf den Gruppentischen Informationstafeln bereit. Diese geben Aufschluss darüber, welche Entdeckergruppe sich dort einfindet[25]. Zudem hängt eine Einwahl-Übersicht an der Tafel, sodass die Schüler noch einmal nachschauen können, mit welchem Thema sie sich in der vorliegenden Unterrichtssituation beschäftigen[26]. Unter Berücksichtigung der Schülerinteressen sowie des eingeschränkten Zeitrahmens der Unterrichtsstunde wählten sich die Lernenden bereits in der Stunde zuvor

---

[23] Siehe Kapitel 5.7) S. 28.
[24] Siehe Kapitel 5.6) S. 27.
[25] Siehe Kapitel 5.3) S. 25.
[26] Siehe Kapitel 5.4) S. 25.

in die Entdeckergruppen ein. Um eine reibungslose und lerneffektive Zusammenarbeit zwischen den Schülern zu gewährleisten, steuerte ich die Einwahl, wenn Lernende in einer Gruppe arbeiten wollten, deren Arbeitsweise durch stetige Privatgespräche negativ beeinflusst wird. Zur individuellen Förderung der Sozial- und Selbstkompetenz des Einzelnen erhalten die Mitglieder innerhalb der Entdeckergruppe eine besondere Funktion als Checker, Lautstärke-Chef, Team-Manager oder Zeitwächter. Es ergibt sich folgende Verteilung:

Thema der Gruppe	Gruppenmitglieder			
	Checker	Lautstärke-Chef	Team-Manager	Zeitwächter
Die Köche (Nudeln)	A	B	D	C
Die Geographen (Kompass)	F	E	G	H
Die Bastler (Papier)	J	I	L	K
Die Literaten (Drucktechnik)	O	N	M	P
Die Techniker (Schubkarre)	R	S	T	Q

Alle Materialien, die die Schüler zur Bearbeitung der Entdeckeraufträge benötigen, liegen auf einem separaten Materialtisch im Raum bereit[27].

Da die Funktion der kooperativen Lernform vor allem in der Zusammenarbeit zwischen den Mitschülern besteht, wurde auf eine inhaltliche Differenzierung der Materialien weitestgehend verzichtet. In jeder Gruppe befinden sich leistungsstarke, leistungsschwache Lernende sowie Schüler mit mittlerem Leistungsniveau. Demgemäß können die Heranwachsenden mit einem höheren Leistungsniveau den anderen bei Bedarf helfen. Lediglich der Umfang der Texte differiert in den Gruppen. Die Aufgaben eines Entdeckerauftrags entsprechen außerdem unterschiedlich hohen Anforderungsbereichen. Des Weiteren ist in jedem Entdeckerauftrag eine Zusatzaufgabe zu finden. Diese darf erst bearbeitet werden, wenn der Entdeckerauftrag in der Gruppe vollständig fertiggestellt wurde. Dann kann das Team die verbleibende Lern- und Arbeitszeit effektiv nutzen und themenspezifische Rätsel gestalten. Durch die Bereitstellung von Zusatzaufgaben

---

[27] Siehe Kapitel 5.9) S. 30.

berücksichtige ich die Individualität der Arbeitsweise und des Arbeitstempos der einzelnen Gruppen. Ferner wird dadurch das angenehme Lernklima aufrechterhalten. Dabei setzen sie sich auf der Sach- und Anwendungsebene mit einer Erfindung auseinander. Sie sollen demnach nicht nur einen theoretischen Wissenszuwachs erreichen, sondern die Bedeutung einer Erfindung für den eigenen Alltag nachvollziehen können.

Die zu erarbeitenden Informationen zum Thema notieren sich die Heranwachsenden in einer übersichtlichen Form in den Hefter. Die Form der Niederschrift wird nicht vorgegeben. Bei dieser geöffneten Aufgabenstellung weisen die Schüler ihre Methodenkompetenz nach, indem sie selbst entscheiden, ob sie zum Beispiel eine Mind-Map, einen Stichpunktzettel oder einen Steckbrief über die asiatische Erfindung anfertigen. Es ist ebenso eine Form der Methodenkompetenz, sich mithilfe des LL-Hefters[28] mögliche Aufzeichnungsformen ins Gedächtnis zurückzurufen, um sie anschließend umzusetzen. Zwar wissen die Schüler, dass alle Arbeitstechniken, die sie erlernt haben, im LL-Hefter zu finden sind, dennoch können diesbezüglich Fragen seitens einzelner Schüler auftreten. Sollten sie diese innerhalb der Entdeckergruppe nicht klären können, stehe ich als Berater zur Verfügung. Die handlungsorientierte Auseinandersetzung mit den Erfindungen beinhaltet die Umsetzung verschiedener Tätigkeiten. Dazu müssen die Schüler teilweise im Stehen agieren oder durch den Raum laufen. Dabei kann ein erhöhter Geräuschpegel, körperliche Unruhe im Klassenraum und die Ablenkung neugierige Schüler von der eigenen Arbeit nicht ausgeschlossen werden. In diesen Fällen ist es die Aufgabe der Lehrerin, die Schüler durch verbale Impulse zu einer möglichst leisen Bearbeitung des Praxisauftrags anzuhalten und die anderen zur Weiterarbeit am eigenen Thema zu motivieren. Das bereitliegende Material impliziert Lösungsvorlagen für jede asiatische Erfindung. Damit sollen die Lernenden ihre Aufzeichnungen vergleichen, berichtigen und ergänzen. Dieser Aspekt ist im Entdeckerauftrag als Teilaufgabe enthalten, da die Heranwachsenden die Selbstkontrolle oft nicht selbstständig vornehmen. Die Form der selbstständigen Materialbeschaffung, der Entscheidungsfreiheit hinsichtlich der Art und Weise der Niederschrift sowie der Selbstkontrolle der Aufzeichnungen im Hefter ermöglicht den Heranwachsenden, die Verantwortung für ihren eigenen Lernprozess und dem seiner Mitschüler weiterzuentwickeln. Während der Gruppenarbeit ziehe ich mich aus dem Geschehen zurück und beobachte die Arbeitsweise sowie die Einhaltung der

---

[28] Der Lernen-lernen-Hefter (LL-Hefter) vereint alle im Fachunterricht eingeführten Methoden und Arbeitstechniken und fungiert als eine Art Nachschlagewerk für die Schüler. Jeder Lernende verfügt über einen LL-Hefter.

Verhaltensregeln der Schüler und schätze diese ein[29]. Bei Fragen, die innerhalb der Gruppe nicht gelöst werden können, stehe ich als Berater zur Verfügung. Asiatische Musik, die in der Erarbeitungsphase leise erklingt, soll zu einer ruhigen Arbeitsatmosphäre und zur Konzentrationsfähigkeit beitragen sowie den Bezug zum Thema der Stunde aufrechterhalten.

Um den Schülern eine effektive Lernzeit zu gewährleisten und eine intensive Beschäftigung mit dem Thema zu ermöglichen, wird die Methode des Gruppenpuzzles auf zwei Stunden ausgeweitet. Demzufolge wird nach der Erarbeitungsphase die kooperative Lernform unterbrochen und die Reflexionsphase eingeleitet. Der Informationsaustausch in den Stammgruppen für die Erstellung einer Übersicht zu den sechs Erfindungen Asiens erfolgt in der nächsten Stunde. In der letzten Phase reflektieren die Schüler durch das Ausfüllen eines Reflexionsbogens zum Einen über die erworbenen Kenntnisse zur Bedeutung einer asiatischen Erfindung in der heutigen Zeit[30]. Zum Anderen schätzen sie ihre Arbeitsweise sowie die Zusammenarbeit in der Entdeckergruppe ein und stellen dahingehend Stärken und Schwächen schriftlich heraus. Dadurch fördern sie ihre Fertigkeiten, sich und andere Schüler gerecht und realistisch zu bewerten. Ferner erhalte ich individuelle Ansichten zur Arbeit in der Entdeckergruppe und kann damit das weitere Vorgehen zur Förderung der Sozial- und Selbstkompetenz daran ausrichten. Der Auftrag zum Ausfüllen des Reflexionsbogens ist an der Tafel sichtbar. Somit hat die Lerngruppe die Möglichkeit, die Aufgabenstellung nochmals zu lesen. Da der Lerngruppe die Methode des Reflexionsbogens bekannt ist, gehe ich nicht davon aus, dass Probleme auftreten. Ungeachtet dessen besteht die Möglichkeit, dass einzelne Schüler Verständnisprobleme bei den formulierten Aufträgen aufweisen. Sie erhalten eine individuelle Erklärung von mir, um den Denkprozess der Mitschüler nicht zu stören.

---

[29] Siehe Kapitel 5.8) S. 29.
[30] Siehe Kapitel 5.10) S. 45.

4) Geplanter Unterrichtsentwurf

Zeit (min)	Stundenphase	Medien/ Material	Lehrertätigkeit und Schülertätigkeit	Methode	SF	LZ
1	Einstieg		L: - Glockenzeichen & begrüßen	LV		
6	Motivierung und Zielorientierung	CD-Player/ CD Geschichte Tafel/ Ablaufplan	L: - erklärt folgende Aufgabe: *Lasst euch entführen zu einer Entdeckungsreise ins alte Asien und zurück. Schließt die Augen und hört aufmerksam zu.* - Musik einschalten, Licht abdunkeln - Geschichte vorlesen	Geschichte		
			L: - schaltet Musik aus - erklärt Verlauf und Ziel der Stunde	LV		
35	Erarbeitungsphase	CD-Player/ CD Wandkarte Material für Entdecker-gruppen Beobach-tungsbogen	S: - setzen sich in den Entdeckergruppen zusammen - bearbeiten Entdeckerauftrag L: - stellt Musik an - füllt Beobachtungsbogen aus - sorgt bei Bedarf für angenehme Arbeitsatmosphäre - steht bei Fragen zur Verfügung und gibt Hilfestellungen - schaltet Musik als Signal zum Ende der GA aus	Gruppen-puzzle	GA	LZ 1 LZ 3 LZ 4 LZ 5 LZ 6
3	Reflexion	Reflexions-bogen	L: - teilt Reflexionsbögen aus und erklärt den Auftrag: *Schätze dich und deine Entdeckergruppe ehrlich ein. Fülle den Reflexionsbogen aus.* S: - füllen Bogen aus	Reflexions-bogen	EA	LZ 2 LZ 7

			L: - sammelt Bögen und Hefter ein - bittet um Hilfe bei Aufräumen des Klassenzimmers - verabschiedet die S in die Pause			

Legende

EA	= Einzelarbeit	L	= Lehrerin	LZ	= Lernziel	SF	= Sozialform
GA	= Gruppenarbeit	LV	= Lehrervortrag	S	= Schüler		

5) Anhang (Auszüge)

5.1) Sitzplan der Klasse

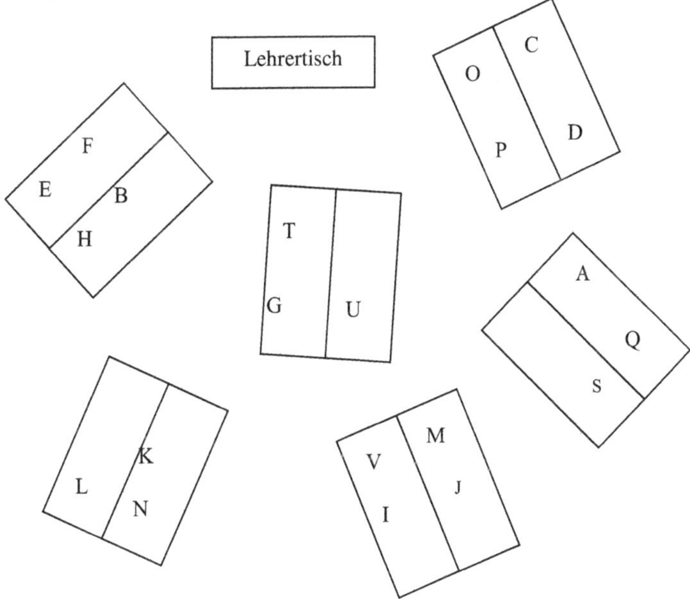

5.2) Sitzplan der Stammgruppen

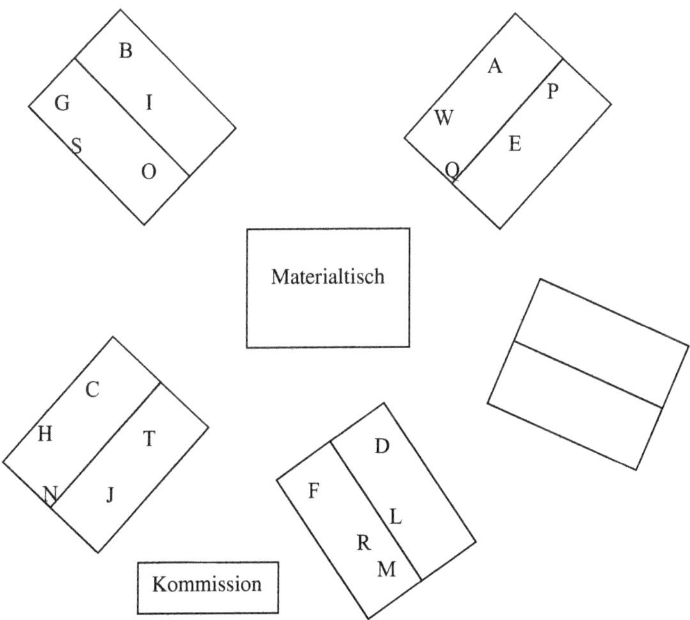

5.3) Tischordnung der Entdeckergruppen

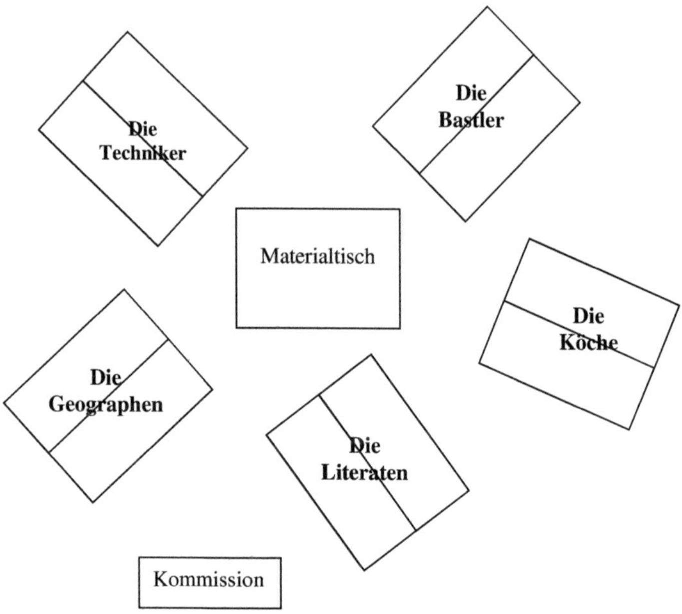

5.4) Einwahl-Übersicht

Thema der Gruppe	Gruppenmitglieder			
	Checker	Lautstärke-Chef	Team-Manager	Zeitwächter
Die Köche (Nudeln)	A	B	D	C
Die Geographen (Kompass)	F	E	G	H
Die Bastler (Papier)	J	I	L	K
Die Literaten (Drucktechnik)	O	N	M	P
Die Techniker (Schubkarre)	R	S	T	Q

5.5) Geplantes Tafelbild

Ablauf

☐ Geschichte

☐ Entdeckungsreise

☐ Reflexion

<u>Entdeckungsreise ins alte Asien und zurück</u>   29.09.2011

Stammgruppen-Auftrag

Erarbeitet auf eurer Entdeckungsreise Informationen zu einer Erfindung Asiens und notiert diese in einer übersichtlichen Form in euren Hefter.

So könnt ihr in der nächsten Stunde eure neu erworbenen Kenntnisse untereinander austauschen.

Hinweise

- Bearbeitet die Entdeckeraufträge gemeinsam.
- Lest die Aufträge aufmerksam durch.
- Nutzt den LL-Hefter und MNT-Hefter.

Schätze dich und deine Mitschüler ehrlich ein.
Fülle den Reflexionsbogen aus.

Entdeckungsreise ins alte Asien und zurück

In einem kleinen Städtchen lebt ihr wissbegierigen Entdecker. Stets und ständig forscht ihr hier und werkelt dort, lest dicke Bücher und überlegt, bis eure Köpfe qualmen. Ab und zu reist ihr sogar mit eurer großen, metallfarbenen Zeitmaschine in die Vergangenheit, um etwas Neues, Unbekanntes zu erfahren. Auch heute geht ihr wieder auf mysteriöse Entdeckungsreise. Denn euch ist lediglich das Ziel bekannt. Es geht ins alte Asien. Aber wer weiß, was euch dort erwartet? Feuerspeiende Drachen, gegen die ihr kämpfen müsst oder eine Einladung auf eine Tasse grünen Tee? Vielleicht.

In fünf kleinen Gruppen schwebt ihr mal sanft wie eine Feder mal holprig wie über einen steinigen Feldweg durch verschiedene Zeiten. Aber gemeinsam überwindet ihr jede Hürde. Ihr erhascht interessante Informationen und sammelt tolle Eindrücke. Nachdem ihr in der Vergangenheit hinter jeder Mauer, unter jedem Tisch und in jeder Schüssel nach Neuigkeiten geforscht habt, setzt ihr euch in die bequemen, roten und blauen Sessel eurer Zeitmaschine und fliegt den langen, weiten Weg zurück in die Gegenwart, in euer kleines Städtchen. Dann geht's munter und fröhlich, aber ruhig zur Sache. Ihr Köche lasst die Töpfe klappern und ihr Geographen lasst den Globus drehen. Ihr Bastler zeigt eure künstlerische Ader, während ihr Literaten die Tinte aufs Papier bringt. Ihr Techniker testet die Geräte auf Tauglichkeit.

Ich wünsche euch viel Spaß auf eurer Entdeckungsreise ins alte Asien und zurück.

5.7) Beobachtungsbogen

Entdeckergruppen	Name	++	+	0	-	Verhaltensauffälligkeiten
Die Köche (Nudeln)	A					
	B					
	C					
	D					
Die Geographen (Kompass)	E					
	F					
	G					
	H					
Die Bastler (Papier)	I					
	J					
	K					
	L					
Die Literaten (Drucktechnik)	M					
	N					
	O					
	P					
Die Techniker (Schubkarre)	Q					
	R					
	S					
	T					

++ = sehr gute Einhaltung der Verhaltensregeln
+ = gute Einhaltung der Verhaltensregeln
0 = kaum Einhaltung der Verhaltensregeln
- = keine Einhaltung der Verhaltensregeln

5.8) Reflexionsbogen Name:

____

Reflexionsbogen

1) Nenne die asiatische Erfindung, mit der du dich beschäftigt hast.

   ____

2) Erkläre in einem Satz, welche Bedeutung diese Erfindung in der heutigen Zeit in
    Europa hat und begründe deine Aussage.

   ____

   ____

   ____

3) Schätze dich und deine Mitschüler ein.				
Wir haben die Verhaltensregeln (FA-Regeln) eingehalten.				
Wir haben die Aufgaben gemeinsam bearbeitet.				
Wir haben in der Gruppe Probleme gelöst, ohne die Lehrerin zu fragen.				
Ich habe meine besondere Funktion innerhalb der Gruppe immer eingehalten. (z. B. Checker, Team-Manager, …)				

Literatur- und Quellenverzeichnis

Literatur

Giscard d'Estaing, Valérie-Anne (Hrsg.): Das große Hörzu Buch der Erfindungen. Hamburg 1987.

Mietzel, Gerd: Wege in die Psychologie. 12. Aufl., Stuttgart 2005.

Thüringer Kultusministerium (Hrsg.): Lehrplan für die Regelschule und die Förderschule mit dem Bildungsgang der Regelschule Kunst. Erfurt 1999.

Thüringer Kultusministerium (Hrsg.): Lehrplan für die Regelschule und die Förderschule mit dem Bildungsgang der Regelschule Geographie. Erfurt 1999.

Thüringer Kultusministerium (Hrsg.): Lehrplan für die Regelschule und die Förderschule mit dem Bildungsgang der Regelschule Geschichte. Erfurt 1999.

Thüringer Ministerium für Bildung Wissenschaft und Kultur (Hrsg.): Lehrplan für den Erwerb des Haupt- und Realschulabschlusses Deutsch. Erfurt 2011.

Time-Life Bücher (Hrsg.): Aufblühende Reiche im Osten. Spektrum der Weltgeschichte 100-1100 n. Chr. Deutschland 1992.

Time-Life Bücher (Hrsg.): Das glanzvolle Reich der Mitte. Deutschland 1994.

Zimbardo, Philip G.: Psychologie. 4. neu bearbeitete Auflage. Berlin/ Heidelberg 1983.

Internetquellen

- http://www.china-guide.de/china/Chinesische_kultur/papier____druck.html (September 2011).
- http://www.china.de/china/Chinesische_kultur/papier____druck.html (September 2011).
- http://german.cri.cn/chinaabc/chapter20/chapter200313.htm (September 2011).
- http://www.spiegel.de/wissenschaft/mensch/0,1518,379519,00.html (September 2011).
- http://www.alnet.de/kompassanwendung.htm (September 2011).
- http://www.chinadelightours.com/Chinesische-Kultur--Kompass.html (September 2011).
- http://www.alnet.de/kompassanwendung.htm (September 2011).
- http://www.chinadelightours.com/Chinesische-Kultur--Kompass.html (September 2011)
- http://www.alnet.de/kompassanwendung.htm (September 2011).
- http://www.br-online.de/wissen-bildung/collegeradio/medien/geschichte/kompass/hintergrund/doclink.pdf (September 2011).
- http://www.wallstreet-online.de/ratgeber/haus-und-immobilien/werkzeug-und-material/die-schubkarre-praktischer-helfer-in-garten-und-beruf (September 2011).